U0384941

大马警官

生肖小镇负责维持交通秩序的警察，机警敏锐。有一辆多功能警用摩托车，叫闪电车，能变出机械长臂进行救援。

喇叭鼠

生肖小镇玩具店的老板，也是交通安全志愿者，有一个神奇的喇叭，一吹就能出现画面。

壮壮　壮壮爷爷　壮壮奶奶　壮壮妈妈　壮壮爸爸

编　委　会

主　编

刘　艳

编　委

李　君　朱建安

朱弘昊　丛浩哲

乔　靖　苗清青

交警叔叔阿姨送给小朋友的礼物！

图书在版编目(CIP)数据

小牛要迟到了 / 葛冰著；赵喻非等绘；公安部道路交通安全研究中心主编. − 北京：研究出版社, 2023.7

（交通安全十二生肖系列）

ISBN 978-7-5199-1478-3

Ⅰ. ①小… Ⅱ. ①葛… ②赵… ③公… Ⅲ. ①交通运输安全 − 儿童读物 Ⅳ. ①X951-49

中国国家版本馆CIP数据核字(2023)第078904号

◈ **特别鸣谢** ◈

湖南省公安厅交警总队
广东省公安厅交警总队
武汉市公安局交警支队
北京交通大学幼儿园
北京市丰台区蒲黄榆第一幼儿园

小牛要迟到了（交通安全十二生肖系列）

出版发行： 中国出版集团有限公司 研究出版社		策　　划：	公安部道路交通安全研究中心
出 品 人：赵卜慧			银杏叶童书
出版统筹：丁　波			

责任编辑：许宁霄	编辑统筹：文纪子
装帧设计：姜　楠	助理编辑：唐一丹

地址：北京市东城区灯市口大街100号华腾商务楼	邮编：100006
电话：（010）64217619　64217652（发行中心）	

开本：880毫米×1230毫米　1/24　印张：18	字数：300千字
版次：2023年7月第1版	印次：2023年7月第1次印刷
印刷：北京博海升彩色印刷有限公司	经销：新华书店

ISBN　978-7-5199-1478-3	定价：384.00元（全12册）

公安部道路交通安全研究中心 主编

小牛要迟到了

葛冰 著　杨莉芊 绘

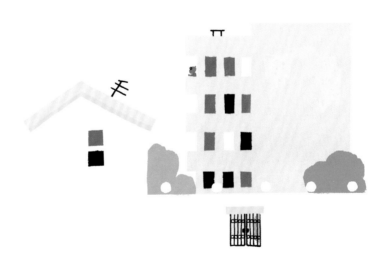

中国出版集团有限公司
 研究出版社

壮壮和爸爸、妈妈、爷爷、奶奶生活在一起。他现在是幼儿园大班的小朋友。

他做什么事都很慢，慢慢地穿衣服，慢慢地吃饭，慢慢地画画。

可急起来，他又会横冲直撞。

每天一大早，奶奶就起床做饭，爸爸和妈妈匆匆忙忙去上班，爷爷送壮壮去上幼儿园。

这一天，壮壮吃饭实在是太慢了，出门的时候已经有点晚了。背上书包，他又着急了，拉着爷爷就往外冲。

一路上，壮壮催着爷爷："快点儿，快点儿，不要慢吞吞的像蜗牛。"

过了下个十字路口就是幼儿园。

"爷爷，快快快，还有10秒，我们赶紧冲过去。"

壮壮挣脱爷爷拉他的手，
使劲往前跑，眼看就被一辆
要右转的车撞上了。

正在路上巡逻的无人机报告：危险报告！危险报告！中心大街十字路口有小朋友要被一辆右转车辆撞到。

为了您的安全，我们一马当先！

大马警官及时出现，救了壮壮。

爷爷急出了一头的汗。壮壮也吓得大哭起来。

大马警官说："过马路时，即使是绿灯也要注意右转车辆，因为右转车辆可以正常行走，但孩子个子小，会因为司机看不到而被撞到。当然，右转的司机做的也不对，他应该减速和认真观察，不能妨碍正常过马路的行人。"

"牛大伯，过马路时，一定要抓住孩子的手腕。"大马警官接着说。

到了幼儿园，壮壮把新学的交通知识讲给了小朋友们听。

大家过马路时，再着急也要注意右转车辆哟！

过马路我不急

绿灯亮，别心急，

匀速通过莫大意。

右转车辆仍通行，

要让司机看见你。

小朋友们，过斑马线要稳步匀速通过，注意右转车辆哟！

过马路注意右转车辆

　　家长朋友们，当您带着孩子过马路时，一定要倍加留意相交方向的右转车辆！

　　当斑马线上的绿灯亮时，相交方向虽然是红灯，但这个方向的右转车辆不受红灯限制，仍然可以通行。而此时，由于相交方向等待红灯的直行车辆会遮挡双方视线，导致斑马线上的行人与相交方向右转车辆的驾驶人均无法及时发现对方。特别是孩子身材矮小，过马路时又喜欢跑跑跳跳，极易与右转车辆发生碰撞或遭到碾压。

　　所以，家长朋友们，当您带孩子过马路时，即使是在绿灯情况下走在斑马线上，也千万不要认为绝对安全，一定要特别留意斑马线前方的右转车辆，同时要紧紧握住孩子的手腕，防止孩子像故事中的小牛壮壮一样在斑马线上奔跑，从而导致危险发生。